Christine Kummer

W0351141

Festliche Kerzen

CHRISTOPHORUS

BRUNNEN-REIHE

SEIT MEHR ALS 30 JAHREN STEHT DER NAME „CHRISTOPHORUS" FÜR KREATIVES UND KÜNSTLERISCHES GESTALTEN IN FREIZEIT UND BERUF. GENAUSO WIE DIESER BAND DER BRUNNEN-REIHE IST JEDES CHRISTOPHORUS-BUCH MIT VIEL SORGFALT ERARBEITET: DAMIT SIE SPASS UND ERFOLG BEIM GESTALTEN HABEN – UND FREUDE AN SCHÖNEN ERGEBNISSEN.

ISBN 3-419-55926-7

Lektorat: Maria Möllenkamp, Freiburg
Styling und Fotos: Andreas Gerhardt, Bötzingen
Reinzeichnungen: Holger Simon, Freiburg
Umschlaggestaltung: Network!, München
Produktion: Print Production, Umkirch
Druck: Freiburger Graphische Betriebe, 1997

CHRISTOPHORUS
Bücher mit Ideen

Inhalt

Die Autorin dankt allen herzlich, die zum Entstehen dieses Bandes beigetragen haben, im besonderen der Firma Evi's Bastelstube in St.Paul im Lavanttal in Österreich für die Förderung und für die Bereitstellung des Materials.

Festliche Kerzen

Kerzen sind ganz besondere Lichtquellen. Sie zaubern eine wunderbare Atmosphäre des Feierlichen, des Geborgenseins oder auch des Gedenkens. Sie begleiten uns im Jahresbogen, vom Jahresbeginn bis zum Weihnachtsfest, ebenso wie bei wichtigen Ereignissen unseres persönlichen Lebens, von der Taufe, der Erstkommunion und der Firmung bzw. Konfirmation, über Hochzeit, Geburts- und Namenstage, bis hin zum Lebensende.
Kerzen sind aber auch ganz einfach ein Schmuck für die Wohnung oder ein persönliches Geschenk. Viel Freude bereiten sie, wenn sie passend für die Person und den Anlaß selbst entworfen und verziert wurden.
Die Kerzenmodelle, die hier vorgestellt und in Arbeitsschritten beschrieben werden, sind in verschiedenen Techniken ausgeführt. Sie bieten ein breites Spektrum an Gestaltungs- und Verwendungsmöglichkeiten.

Mit meinen Anleitungen und praktischen Tips möchte ich sowohl den Anfängern beim Nacharbeiten helfen und sie zu selbständigem Gestalten hinführen als auch den Geübten neue Ideen anbieten.

Viel Freude und gutes Gelingen wünscht

Christine Kummer

Material und Technik

Die Materialien

- *Kerzen* werden in verschiedenen Größen, Formen und Farben im Fachhandel angeboten.
- *Verzierwachsplatten* (Wachsfolien) gibt es in vielen Farben.
- *Effekt-Wachsfolien* sind besonders schön beschichtete Folien.
- *Zierwachsstreifen* in Gold und Silber sind in jeder Breite erhältlich, glatt oder mit Perlmuster, rund oder abgeflacht.

Die Arbeitsgeräte

- *Das Stanleymesser* oder eine Schneidfeder eignen sich zum Schneiden der Wachsfolien. Sie können aber auch ein einfaches spitzes, scharfes Messer nehmen.
- *Ausstechformen* (Keksausstecher usw.) werden in allen Formen und Größen verwendet.
- *Lineal,* Kurvenlineal, Geodreieck und Schablonen erleichtern das Ausschneiden der Formen aus den Wachsplatten.
- *Pergamentpapier* oder Backtrennpapier auf einem Brettchen ist die beste Arbeitsunterlage, damit das Wachs nicht ankleben kann.

Die Technik

❶ Wachsfolien nach gewähltem Motiv ausschneiden, ausstechen oder kneten und formen.
Bei dieser Arbeit ist die Raumtemperatur von Bedeutung. Da das Wachs nur mit Handwärme durch Andrücken auf der Kerze befestigt wird, sollte es die richtige Temperatur haben. Ist es zu kalt, kann ein Fön nachhelfen. Ist es zu warm, ist ein Arbeiten nur schwer möglich, da dann das Wachs überall klebt, auch an den Fingern.

❷ Für die Crashtechnik wird die Wachsfolie zugeschnitten und zwischen dem Pergamentpapier mit dem Nudelholz dünn ausgerollt. So kann die Folie problemlos in Falten gelegt werden und in verschiedenen Formen auf der Kerze angebracht werden.

③ Will man Aufschriften, Namen, Monogramme etc. auf der Kerze anbringen, gibt es mehrere Möglichkeiten:

- Man nimmt fertige Aufschriften, Buchstaben oder Ziffern, die im Fachhandel in allen Arten und Größen erhältlich sind.
- Man formt selbst die Buchstaben aus dünnen Streifen einer Wachsfolie. Mit 2 mm breiten Zierwachsstreifen lassen sich Buchstaben gut formen.
- Der Fachhandel bietet Abreibebuchstaben (Rubbelbuchstaben) in jeder Art und Größe an. Am besten überträgt man diese Buchstaben mit einem alten, trockenen Filzstift.
- Man verwendet eine dünne Goldfolie, legt sie auf die Kerze oder auf ein passendes Stück Wachsfolie und schreibt selbst mit einem stumpfen Bleistift den Schriftzug.

Osterkerzen

Material

- Kerzen in Eiform, 12 cm und 9 cm groß
- Wachsfolie in Dunkelgrün, Dunkelblau
- Effekt-Wachsfolie in Dunkelgrün, Gold, Mint
- runde Ausstechformen, verschieden groß
- Zierwachsstreifen in Gold, flach, 2 mm ∅
- Zierwachsstreifen in Gold, 2 mm ∅, 4 mm ∅

Halbkreisornament

❶ Aus der dunkelgrünen Wachsfolie zwei Halbkreise, aus der glänzenden einen, 5 cm ∅, und kleine Halbkreise ausstechen. Aus der Goldfolie ebenfalls kleinere Halbkreise ausstechen. Alle Kreisteile, wie abgebildet, zu einem Ornament formen und auf der Kerze anbringen.

❷ Ein 10 cm langes, goldenes Flachband in der Mitte des Motivs längs anbringen. Eine gedrehte Kordel aus Grün und Gold in einem Bogen um das Ornament führen.

Fantasieblüte

❶ Aus den drei verschiedenen Wachsfolien mit einem runden Ausstecher Kreisabschnitte und Bögen ausstechen.

❷ Auf Papier aus diesen Bogenformen eine Fantasieblüte anordnen und auf die Kerze drücken.

Fächer

❶ Aus Blau und Gold je vier Tropfen ausschneiden oder ausstechen. Wie abgebildet schuppenartig anordnen.

❷ Aus Blau und Mint schmale Streifen schneiden und von oben fächerförmig anbringen. Links und rechts mit Zierwachsstreifen einrahmen.

Große Osterkerze

❶ Die Vorlage A2 mit Bleistift auf rote Wachsfolie übertragen und mit einer Schneidfeder oder einem spitzen Messer nachschneiden. Lamm und Fahne herausnehmen, dann den verbleibenden Teil auf die Kerze drücken. Kleinere Verzierungen wie Kreuz, Augen und Ohren ausschneiden und in das Bild einfügen.

❷ Aus der Effekt-Wachsfolie die Form A1 ausschneiden und vierteln. In der Mitte einen Kreis ausstechen oder ausschneiden. Die vier Bogenformen wie abgebildet auf die Kerze drücken. Dazwischen je zwei 7 cm lange, breite Zierstreifen anbringen.

❸ Die vier Kreisteile auf beiden Seiten anordnen, dazwischen je zwei breite Zierstreifen von 5 cm Länge andrücken.

❹ Das Bild in der Mitte mit dem Perlstreifen, 4 mm ∅, einrahmen.

❺ Den Rand der Effektplatte mit dem schmalen Perlstreifen einrahmen, beziehungsweise die Rundungen an den Seiten nachformen.

Vorlagen A

Material

- **Stumpenkerze, 30 cm hoch**
- **Wachsfolie in Rot**
- **Effekt-Wachsfolie in Dunkelrot**
- **4 Zierwachsstreifen in Gold, 7 mm ∅**
- **2 Perl-Zierwachsstreifen in Gold, 2 mm ∅**
- **Perl-Zierwachsstreifen in Gold, 4 mm ∅**

Lebensbäume

Vorlagen
B und C

Material
Fantasiebaum
- **Stumpenkerze, ca. 25 cm hoch**
- **Wachsfolien in verschiedenen Rot-, Blau-, Violettönen**
- **Effekt-Wachsfolie in Blaurot**
- **Zierwachsstreifen in Gold, 2 mm ∅**
- **Ausstechformen**

Baum im Spiegel
- **Stumpenkerze, ca. 15 cm hoch**
- **Wachsfolie in Dunkelgrün, Rot, Gold**
- **Perl-Zierwachsstreifen, 5 mm ∅**

Fantasiebaum

❶ Aus der Effekt-Wachsfolie ein Medaillon nach der Vorlage B ausschneiden und unten auf der Kerze anbringen. Einen violetten Streifen abschneiden und das Medaillon damit einrahmen. Von einem Zierwachsstreifen die Mitte bestimmen, von unten ausgehend um das Medaillon legen und mit den Enden einen weiteren Bogen legen.

❷ Aus verschiedenen Rottönen spitz zulaufende Streifen schneiden und in Bögen neben das Medaillon legen. Über dem Medaillon aus Zierwachsstreifen einen Kreis bilden, diesen an der Innenseite mit blauen Streifen verzieren. Oben mit Zierwachsstreifen einen Kelch formen, in diesen eine Blüte setzen.

❸ Mit verschiedenen Ausstechformen entstehen alle möglichen Formen, die zu Blüten zusammengefügt werden. Bei der Verzierung mit Blüten kann man der Fantasie breiten Raum lassen. Zuletzt werden in das Medaillon ein vorher entworfenes Monogramm oder bei einer Hochzeits- oder Jubiläumskerze die Anfangsbuchstaben der Namen des Brautpaares gesetzt.

Baum im Spiegel

❶ Aus dunkelgrüner Wachsfolie ein halbes Oval ausschneiden (Vorlage C). Aus diesem den vorgezeichneten halben Baum sorgfältig nachschneiden.

❷ Den Baum vorsichtig herausheben und zuerst das Oval, dann den Baum spiegelverkehrt nebeneinander auf die Kerze drücken. Einen ca. 5 mm breiten Streifen von der grünen Wachsplatte abschneiden und damit das Oval vollenden.

❸ Nun den Baum mit Blättern und Früchten verzieren. Für die Früchte kleine Kügelchen formen und auf Pergamentpapier flachdrücken. Für die Blätter die Kügelchen rollen, auf einer Seite spitzen und flachdrücken.

❹ Das ganze Bild nun mit einem breiten Perlstreifen einrahmen. Dem Zweck entsprechend Eheringe oder ein Monogramm anbringen, beispielsweise mit gotischen Rubbelbuchstaben.

Beschreibung des Stammbaumes siehe Seite 12

Carina
Dieter
Eva
Walter
Georg
Heike
Christine
Helmut

Vorlage D

Material

- **Stumpenkerze, ca. 25 cm groß**
- **Effektwachsfolie in Antikgold oder Silber**
- **Wachsfolie in Dunkelgrün, Dunkelrot, Hellrot**
- **Zierwachsstreifen, flach, in Gold oder Silber**
- **Buchstaben, Rubbelbuchstaben oder Goldfolie**

Stammbaum

Abb. siehe Seite 11

Dieses alte Motiv wird hier für eine Festtagskerze zu Hochzeitsjubiläen und Familienfesten verwendet. Bei einer Silberhochzeit kann der Baum in Silber, bei einer goldenen Hochzeit in Gold gefertigt werden. Aber auch die Geburt eines Kindes ist ein passender Anlaß für einen solchen Lebensbaum.

❶ Den Baum (Vorlage D) auf Effektfolie legen, nachzeichnen, ausschneiden und auf die Kerze drücken.

❷ Die Vornamen der Familie auf eine dunkelrote Wachsfolie schreiben und ausschneiden. Dabei die Ecken etwas abrunden und mit flachen Wachsstreifen einrahmen. Diese Namenstäfelchen nach Generationen geordnet auf dem Baum anbringen. Den Baum mit Blättern, Blüten und Grasbüscheln verzieren.

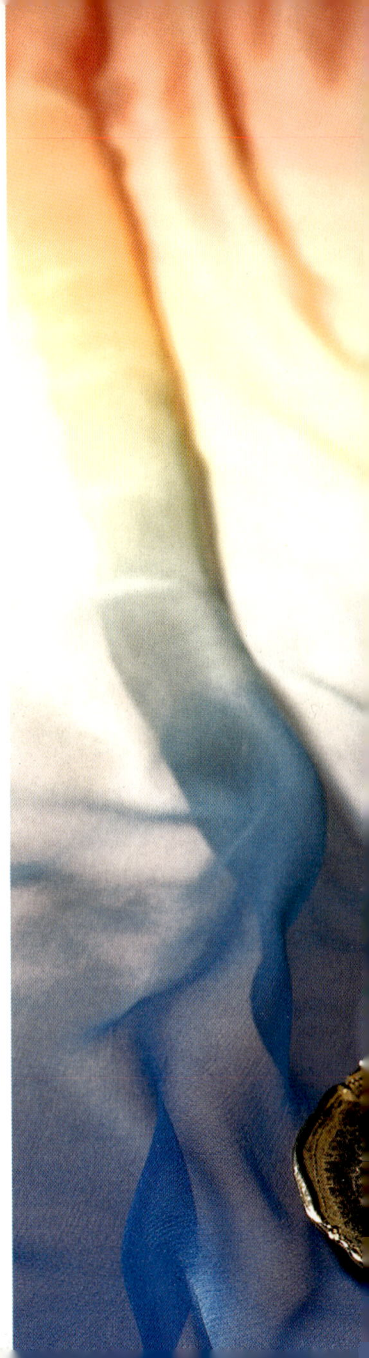

Kerze mit Kreuzstichmuster

Diese Art, eine Kerze zu schmücken, ist sehr alt und vor allem im alpenländischen Raum gebräuchlich. Ich möchte sie beschreiben, damit sie nicht in Vergessenheit gerät. Ein Kreuzstichmuster von einer Handarbeitsvorlage wird in Wachs auf eine Kerze übertragen. Die beiliegende Vorlage ist dem Band „Lebendige Volkskunst" von Elfriede Rottenbacher entnommen. Diese Kerze kann in verschiedenen Farben und Mustern für viele Anlässe, hier für eine Hochzeit, verwendet werden.

Vorlage E

Material

- **Stumpenkerze in beliebiger Größe**
- **Wachsfolie in Mint, Dunkelgrün**

1. Die möglichst kalten Wachsfolien in gleichmäßige Quadrate von 2 mm bis 3 mm Seitenlänge schneiden. Beim ersten Werkstück ist es einfacher, größere Quadrate zu nehmen.

2. Mit Hilfe einer längeren Nadel, die man mit dem Öhr in einen Flaschenkorken steckt, ein Quadrat nach dem anderen aufnehmen und von unten in der Mitte beginnend nach der Vorlage auf die Kerze drücken.

Zum Geburtstag

Material

- **Stumpenkerze, 23 cm hoch**
- **Foto**
- **Wachsfolie in Tannengrün, Gelb, Braun**
- **Perl-Zierwachsstreifen in Gold, 2 mm ∅**
- **Ausstechformen:**
  - **- Schiffchen**
  - **- rund, ca. 4 cm ∅**
  - **- kleine Herzen**
- **Seidenglanzlack**

Sonnenblume mit Foto

❶ Aus brauner Wachsfolie eine Kreisform ausstechen und auf der Kerze anbringen. Mit der Schiffchenform schmale Blätter ausstechen. Blätter in einer Doppelreihe um den Kreis anordnen. Dabei die oberen an den Spitzen etwas abstehen lassen.

❷ Aus braunem Wachs kleine Rollen formen, an einem Ende zuspitzen, auf Pergamentpapier flachdrücken und um den Kreis anordnen. Einige Blütenblätter so anbringen, als würden sie herabfallen.

❸ Den Stengel aus grünem Wachs rollen und anbringen. Herzförmige Blätter ausstechen, mit einem Bleistift die Blattstruktur aufdrücken, den Rand mit Zacken versehen und anbringen.

❹ Auf den braunen Kreis weiches Wachs, wie es sich an der Unterseite der Zierwachsstreifen befindet, flach auftragen, mit dem Fön erwärmen und das runde Foto aufdrücken. Um das Foto noch einen goldenen Perlstreifen legen, der sowohl auf dem Foto als auch auf der braunen Platte haften sollte. Die abstehenden Teile mit Lack bestreichen, um ihnen Festigkeit zu geben.

Stilisierte Blüte

Diese Kerze ist für viele Anlässe geeignet. Wie auf der Abbildung sichtbar, ist sie hier als Geburtstagskerze ausgearbeitet.

❶ Aus allen vier Wachsfolien einen Kreis ausstechen. Von diesen Kreisen schmale Bogen abstechen, bis in der Mitte eine Schiffchenform übrigbleibt (siehe Vorlagen F1 und F2). Diese Bogenformen, zu einer Fantasieblüte angeordnet, auf der Kerze anbringen.

❷ Für den Rahmen dunkelbraunen Wachsstreifen, 1,2 cm breit, schneiden, darauf einen 3 mm breiten Streifen aus cremefarbenem Wachs drücken, daneben den breiten Zierwachsstreifen legen. Die Ecke im Winkel von 45° schneiden, zusammenfügen und um die Blüte anordnen.

❸ Die Beschriftung ist hier mit Abreibebuchstaben in Kursivschrift auf cremefarbenem Wachs ausgeführt. Danach wurden die Wörter ausgeschnitten.

Vorlagen F

Material

- **Stumpenkerze, 25 cm hoch**
- **Wachsfolie in Dunkelbraun, Creme**
- **Effekt-Wachsfolie in Gold, glänzend, mit dunklem Blumenmuster**
- **Zierwachsstreifen in Gold, 5 mm ∅**
- **Ausstechformen:**
  - **rund, ca. 6,5 cm ∅**
  - **kleine Schiffchen**

Rosenhochzeit

Material
- **Stumpenkerze oder Spezialformen**
- **Knetwachs oder Wachsfolien in Hellgelb, Gelb, Weiß, Dunkel-, Hellgrün, Braun**
- **Perl-Zierwachsstreifen in Gold, 2 mm ∅**
- **Seidenglanzlack**

Für diese Kerzengestaltung kann jeder beliebige Stumpen verwendet werden. Besondere Formen, wie zum Beispiel für diese Hochzeitskerze, sind im Fachhandel erhältlich.
Für die Hochzeitstafel kann der Tischschmuck, zum Beispiel eine Peitschenkerze, mit dem gleichen Motiv versehen werden.

❶ Knospen und Blüten aus gelbem und weißem Wachs modellieren. Die einzelnen Blütenblätter bildet man, indem man auf Pergamentpapier kleine Rollen formt und diese breitdrückt. Man beginnt in der Mitte und rollt ein Blatt ein, die übrigen nach und nach rundherum, außen abstehend, nur am Blütenboden festdrücken, bis die gewünschte Größe erreicht ist.

❷ Aus grünem Wachs dünne Stengel rollen und an der Blüte festdrücken. Bei den Knospen spitze, kleine Kelchblätter formen und am Stengelansatz anbringen.

❸ Blätter aus hell- und dunkelgrünem, zusammengeknetetem Wachs formen: An einem Ende spitz zulaufende Rollen drehen und flachdrücken. Die Blattstruktur mit einem Bleistift auf die Blätter eindrücken.

❹ Aus braunem Wachs den Stamm des Rosenstocks formen und auf der Kerze anbringen. Die Blätter und Blüten anordnen und etwas festdrücken.

❺ Um den Rosenstock herum einen Rahmen aus zwei verschiedenen, gelben Wachsstreifen und dem Perlstreifen legen.

❻ Diese plastische Art von Verzierung sollte zuletzt mit einem Lack bestrichen werden, um den abstehenden Blüten Festigkeit zu geben.

Zur Hochzeit

Kerze mit gewelltem Rand

❶ Die Form G auflegen, nachzeichnen und ausschneiden. In der Mitte der Kerze anbringen. Mit goldenem Zierwachsstreifen links von der Form einen schönen Bogen legen. Danach einen Rand um die rechte Rundung legen. Die Enden, der Form entsprechend, schräg abschneiden.

❷ Von den drei verschiedenfarbigen Wachsfolien je zwei 2 mm breite Streifen abschneiden. An die beiden Goldbögen anschließend, je drei Wachsstreifen nebeneinander anbringen. Außen herum mit einem Zierstreifen abschließen.

❸ Der wellige Rand kann mit 1 mm breiten, von der Goldfolie abgeschnittenen Streifen, verziert werden. Eine mögliche Form der Beschriftung ist auf der Kerze gezeigt. In den Eheringen sind die Namenstäfelchen angebracht, auf denen mit Abreibebuchstaben in Kursivschrift die einzelnen Buchstaben mit einem alten Filzstift nachgezeichnet sind.

Kerze in Rosa

❶ Von jeder Wachsfolie einen Streifen von 1,5 cm Breite schneiden und etwas überlappend zusammenfügen. Dieses zusammengefügte Band in einem Bogen, wie es der Kerzenform entspricht, halbieren und an der Vorder- bzw. Rückseite der Kerze anbringen.

❷ Von jeder Farbe zwei Streifen, 2 mm breit, abschneiden, nebeneinander am oberen Rand der Kurve anlegen und über die Kerze zur Rückseite führen. Die Rückseite analog gestalten.

❸ Mit einem goldenen Flachband begrenzen. Nun mit einem Flachband die eine Figur in einem Abstand von 0,5 cm nachformen. Parallel dazu ein zweites Goldband legen und in einem Bogen auf die andere Seite der Kerze führen.

❹ Je einen Streifen von jeder Farbe mit 0,5 cm Abstand parallel zu diesem Goldband um die Kerze führen. Die Kerze mit Eheringen und den Namen des Brautpaares sowie dem Hochzeitsdatum versehen. Zur Beschriftung siehe Seite 5.

Vorlage G

Material

Kerze mit gewelltem Rand

- **Kerze mit Wellenrand**
- **Wachsfolie in Rot, Rosa, Weiß**
- **Effekt-Wachsfolie mit Blumenmuster, Gold**
- **Zierwachsstreifen in Gold, 2 mm ∅**

Kerze in Rosa

- **Kerze in runder, flacher Form oder in Tropfenform**
- **Wachsfolien in 3 Rosatönen**
- **Zierwachsstreifen in Gold, flach, 2 mm ∅**

Taufe, Kommunion, Firmung, Konfirmation

Vorlagen
H und I

Material
Kerzen in Blau und Mint
- **Taufkerze oder andere Stumpenkerze**
- **Wachsfolie in Blau**
- **Effekt-Wachsfolie in Mint, Gold irisierend**
- **Zierwachsstreifen in Gold, rund, 2 mm ∅**

Lebenskerze
- **Taufkerze oder andere Kerzenform**
- **Effektwachsfolie in Weiß, Grün-Rosa schimmernd**
- **Effektwachsfolie in Gold irisierend**
- **Wachsfolien in Rosa, Altrosa**
- **Zierwachsstreifen in Gold, 2 mm ∅**

Diese Kerzen können für viele Anlässe verwendet werden. Das Motiv läßt sich auch auf andere Kerzenformen anpassen. Man braucht dazu nur die Formen etwas breiter oder schmaler auszuschneiden, zu vergrößern oder verkleinern.

Kerzen in Blau und Mint

Abb. siehe auch Seite 22

❶ Die Form H1 zweimal aus Effekt-Wachsfolie in Mint ausschneiden. Einen langen Streifen in Blau, ca. 0,4 cm x 22 cm abschneiden, an den Enden spitz zulaufen lassen.

❷ Zuerst einen Bogen in Mint, wie abgebildet, oben auf die Kerze drücken, den schmalen, blauen Streifen an die erste Form außen anlegen. Dann den zweiten Bogen mit entgegengesetzter Krümmung unterhalb aufdrücken und den blauen Streifen weiterführen.

❸ Aus blauem Wachs zweimal die Form H2 ausschneiden und links und rechts anfügen. Mit dem goldenen Zierwachsstreifen zwei schöne Bögen nachlegen. Kelch H4 und Kreuz H3 aus Goldfolie und etwas größer aus blauem Wachs schneiden und aufeinander drücken, sodaß auf einer Seite das blaue Wachs vorsteht. Beides wie abgebildet aufdrücken. Man kann noch auf einer Seite einen Goldstreifen anbringen. Bei einer schmalen Taufkerze (Abb. Seite 22) wird unter das Motiv noch ein Band in denselben Farben gelegt.

Kerzen mit Taube

Abb. siehe auch Seite 22

❶ Aus der schimmernden Effekt-Wachsfolie die Form I1 für die Taufkerze, I3 für die Lebenskerze, aus rosa Folie die Formen I2 bzw. I4 ausschneiden. Zuerst die rosa Folie auf die Kerze drücken, dann die glänzende darüber.

❷ Für die Taufkerze der Form mit zwei Goldstreifen auf der linken Seite folgen und für den Längsbalken des Kreuzes weiterführen. Rechts und oben einrahmen und den Streifen weiterführen.

Aus Wachsfolie in Altrosa zwei spitz zulaufende Streifen, 9 cm x 0,5 cm, schneiden und auf beiden Seiten der Form anbringen. Parallel Goldband legen und den Querbalken des Kreuzes, mit einem zweiten Band verstärkt, bilden. Über dem Griff ein breites Band und eine gedrehte Schnur andrücken.

❸ Für die Lebenskerze die Form mit Goldband einrahmen, dabei das Band auf der linken Seite in einem Bogen fortsetzen. Aus Folie in Altrosa zwei spitz zulaufende Streifen, 11 cm x 5 cm, schneiden. Auf beiden Seiten geschwungen anbringen. Aus rosa- und altrosafarbener Wachsfolie die Form I5 schneiden, als Blütenkelch links und rechts anbringen. An die Außenseiten zwei Goldbänder legen. Je einen Streifen, 3 mm breit, in Rosa und Altrosa schneiden, aufeinanderdrücken und miteinander verdrehen. Damit den unteren Bogen an der Innenseite einrahmen.

❹ Die Taube ausschneiden, aufdrücken und an der Vorderseite mit Goldband einrahmen.

Kerze mit Iris

❶ Die Form J1 aus Effekt-Wachsfolie, Form J2 aus der Hellvioletten Wachsfolie ausschneiden. Die violette Folie auf die Kerze drücken, darauf die Effekt-Wachsfolie anbringen, so daß rundherum ein schmaler Rand stehenbleibt. Von der dunkelvioletten Folie Streifen, 2 mm breit, schneiden und um die Form legen. Das Kreuz aus Rundstreifen, wie abgebildet, anbringen. Die Enden auf der Kerze vorsichtig abschrägen.

❷ Die Iris modellieren: Größere und kleinere Rollen formen und auf Pergamentpapier flachdrücken. Für den Blütenkelch drei kleinere Blätter aneinanderdrücken. Auf die drei etwas größeren Außenblätter in der Mitte etwas weißes Wachs streichen und mit dem Bleistift zum Rand hin Striche ziehen.
Darauf in der Mitte einen schmalen Streifen gelbes Wachs geben. Alles zu einer Blüte formen. Aus grünem Wachs einen Stengel rollen und an der Blüte andrücken. An den Blütenkelch kleine spitze Kelchblätter drücken. Auf diese Weise zwei Blüten und eine Knospe formen.

❸ Schmale, lanzenförmige Blätter schneiden. Nun die ganze Blume in einem schönen Arrangement auf der Kerze anbringen. Eine Schleife aus goldenem Flachband formen und den Irisstrauß damit verzieren.

Vorlage J

Material

- **Taufkerze oder andere Stumpenkerze**
- **Wachsfolie in Hell-, Dunkelviolett, Grün, Weiß, Gelb**
- **Effekt-Wachsfolie in Weiß, Violett und Grün schimmernd**
- **Zierwachsstreifen in Gold, rund und flach, 2 mm ∅**

Trauerkerze

Vorlage K

Material
- **Stumpenkerze, ca. 30 cm hoch**
- **Wachsfolie in Schwarz, 22 cm x 12 cm**
- **Effekt-Wachsfolie in Antiksilber, 20 cm x 10 cm**
- **Zierwachsstreifen in Silber, rund, 2 mm ∅**
- **Perl-Zierwachsstreifen in Silber, 3 mm ∅**

❶ Der schwarze Untergrund muß eventuell aus zwei Wachsfolienteilen zusammengefügt werden. Die Größe sollte 22 cm x 12 cm betragen, so daß ein 1 cm breiter, schwarzer Rand entsteht.

❷ Auf die Mitte der Effekt-Wachsfolie in Antiksilber das Kreuz (Vorlage K) legen, nachzeichnen und mit einem spitzen Messer ausschneiden.

❸ Beide Platten übereinander auf der Kerze anbringen. Ein Fön kann dabei hilfreich sein.

❹ Das Kreuz mit schmalem Silberzierband einfassen. Die Enden schräg abschneiden.

❺ Die Zeichen für Alpha und Omega aus je zwei dünnen, schwarzen Streifen formen und auf beiden Seiten neben dem Kreuz anbringen.

❻ Das schwarze Feld mit Perl-Zierwachsstreifen umrahmen.

Vorlagen

L und M

Material

Herzkerze

- **abgeschrägte Kerze oder Stumpenkerze**
- **Wachfolie in Dunkelrot, Rosa**
- **Zierwachsstreifen in Gold, 2 mm ∅**
- **Perl-Zierwachsstreifen in Gold, 2 mm ∅**

Verschiedene Anlässe

Herz in Spiegeltechnik

❶ Diese Kerze gelingt am besten mit drei verschieden großen Herzausstechern, aber sie kann auch nach den vorgezeichneten Herzen (Vorlagen L) gearbeitet werden. Für das große Herz halbe Herzformen und einen schmalen Streifen in Rosa ausstechen bzw. ausschneiden und gespiegelt, wie auf der Abbildung sichtbar, anbringen.

❷ Ein kleines Herz anbringen und mit Zierwachsstreifen einrahmen. Das große Herz mit Perl-Zierwachsstreifen einfassen.

Kerze mit bemalter Wachsfolie

❶ Als Vorarbeit für diese Kerze wird eine Wachsfolie mit Acrylfarbe bemalt. Aus der bemalten Platte eine Kreisform ausstechen, ebenso einen Halbkreis und aus diesem drei Bögen.

❷ Den Kreis auf die Kerze drücken. Bögen und Streifen, etwa 2 mm breit, anbringen (siehe Abb).

Kerze in Grün und Gold

❶ Die Bogenform nach der Vorlage M aus den entsprechenden Wachsfolien ausschneiden und wie abgebildet auf der Kerze anbringen.

❷ 3 mm breite Streifen für die Umrahmung und das Kreuz, die Balken sind 12 cm und 6 cm lang, anbringen, ebenso Goldstreifen. In die Rillen oder auf einer Stumpenkerze neben dem Motiv den Rand mit Streifen verzieren.

Kerze mit bemalter Wachsfolie

- **Stumpenkerze**
- **Wachsfolie in Mint, Dunkelgrün, Hell-, Dunkelrosa**
- **Effektwachsfolie in Gold**
- **runde Ausstechformen**
- **Acrylfarbe in Rosa, Gelb, Gold**

Kerze in Grün/Gold

- **Kerze mit zwei Rillen am Rand oder Stumpenkerze**
- **Wachsfolie in Dunkelgrün**
- **Effekt-Wachsfolie in Gold, Dunkelgrün/marmoriert**
- **Zierwachsstreifen in Gold, 2 mm ∅**

Advent und Weihnachten

Material

Adventskerze

- **rote Stumpenkerze, 30 cm hoch**
- **Wachsreste**
- **Zierwachsstreifen in Gold, 2 mm ∅**
- **verschiedene Wachsfolien in Gold**
- **runde Ausstechformen**

Crashkerze

- **Kugelkerze oder beliebige Kerzenform**
- **Effekt-Wachsfolie**
- **Wachsfolie in Bronzegold**
- **Zierwachsstreifen in Gold, 3 mm ∅**

Adventkerze mit Resteplatte

❶ Die Wachsplatte für diese Kerze wird selbst gemacht. So können Wachsreste verwertet werden: Einen Spachtel auf einer heißen Kochplatte erhitzen. Auf Pergamentpapier farblich passende Wachsreste dick auflegen und mit dem Spachtel durch Streichen zu einer kompakten Platte schmelzen. Zuletzt die Platte mit einem Nudelholz ebnen.

❷ Aus dieser Resteplatte zuerst mit einem runden Ausstecher vom fransigen Rand einen schmalen Mond ausstechen, anschließend vom glatten Rand. Monde gegenüberliegend zu einem Kreis formen. Die drei weiteren Kreise analog ausführen, dabei den fransigen Teil der Kreise jedesmal vergrößern.

❸ Alle vier Kreisformen schräg auf der Kerze anbringen und mit Goldband einrahmen. Rechts oben eine Sternkomposition mit Strahlen, wie abgebildet, anbringen.

Crashkerze mit Schleife

Abbildung siehe Titelbild

Diese aktuelle Art, eine Kerze zu verzieren, macht besonderen Spaß und läßt der Fantasie breiten Raum.

❶ Die Effekt-Wachsfolie in drei oder vier geschwungen geformte Teile schneiden, am besten mit dem Kurvenlineal. Einen Teil nach dem anderen zwischen zwei Blätter Pergamentpapier legen und mit dem Nudelholz gleichmäßig dünn ausrollen.

❷ Nun alle Teile beliebig in Falten legen oder zusammenschieben und so auf der Kerze anbringen. Alles, der Kontur folgend, mit Goldband einrahmen.

❸ Aus einem 3,5 cm breiten Streifen der Wachsfolie in Bronzegold, dünn ausgerollt, eine Schleife formen. Um die Mitte ein schmales Band legen und alles auf der Kerze anbringen.

Vorlagen
N und O

Material
Tannenbaum
- **Pyramide, 24 cm hoch**
- **Wachsfolie in Tannengrün, Braun, Rot**
- **Effekt-Wachsfolie in Gold, irisierend**

Stern über Bethlehem
- **Stumpenkerze, 22 cm hoch**
- **Wachsfolie in Ultramarin**
- **Effekt-Wachsfolie in Silbe, irisierend**
- **Buchstaben in Silber**

Tannenbaum

❶ Aus grüner Wachsfolie nach der Vorlage N ein Dreieck ausschneiden. Den halben Tannenbaum auflegen, nachzeichnen und herausschneiden. Den Tannenbaum vorsichtig herausheben, zuerst den Rand, dann den Baum spiegelverkehrt um die Kante der Pyramide legen und festdrücken.

❷ Den Baum beliebig schmücken, beispielsweise mit roten Kerzen und goldenen Sternen, die aus ganz schmalen Streifen geschnitten und zusammengefügt werden.

Stern über Bethlehem

❶ Die blaue Wachsfolie, 19 cm x 9 cm, zuschneiden, die Stadt, Vorlage O, auflegen und nachzeichnen. Mit der Schneidfeder die Umrisse nachschneiden und die dunklen Flächen herausheben.

❷ Aus Silberfolie einen Stern formen. Auf der Abbildung ist er achteckig und die einzelnen Teile sind geschnitten bzw. ausgestochen, ebenso die Strahlen. Auf der Seite aus fertigen Buchstaben die Aufschrift anbringen.

Weihnachtskerze mit Sternen

❶ Aus marmorierter Effekt-Wachsfolie sechs Sterne mit der großen Sternform ausstechen und aus diesen – auf gleich breiten Rand achtend – mit der kleineren Form wieder sechs Sterne ausstechen. Die sechs größeren Sterne gleichmäßig rundum anbringen, darüber in den Zwischenräumen die kleinen Sterne.

❷ Aus Wachsfolie in Altrosa und Silberfolie schmale Streifen schneiden. Diese in verschlungenen Bögen, von der Mitte ausgehend, um die Sterne legen. Verzierungen aus den Resten in den größeren Feldern anbringen.

Sternenkerze

- Kugelkerze in Rot, 10 cm ∅
- Effekt-Wachsfolie in Silber, marmoriert
- Effekt-Wachsfolie in Silber, irisierend
- Wachsfolie in Altrosa
- 2 Sternausstecher

Neben dieser Auswahl aus der Brunnen-Reihe haben wir noch viele andere Bücher im Programm. Wir informieren Sie gerne - fordern Sie einfach unsere neuen Prospekte an:

- Bücher für Ihre Kinder: Basteln, Spielen und Lernen mit Kindern
- Bücher für Ihre Hobbys: Stoff und Seidenmalerei, Malen und Zeichnen, Keramik, Floristik
- Bücher zum textilen Handarbeiten: Sticken, Häkeln und Patchwork

Wir sind für Sie da, wenn Sie Fragen zu AutorInnen, Anleitungen oder Materialien haben. Und wir interessieren uns für Ihre eigenen Ideen und Anregungen. Faxen, schreiben Sie oder rufen Sie uns an. Wir hören gerne von Ihnen! Ihr Christophorus-Verlag

Christophorus
Bücher mit Ideen
Hermann-Herder-Str. 4 / 79104 Freiburg i. Breisgau
Tel: 0761/2717-268 oder Fax: 0761/2717-35